不后悔
的家居设计
图典

理想·宅 编

客厅·玄关

机械工业出版社
CHINA MACHINE PRESS

本书精选数百张客厅与玄关设计实例图片，从优化设计、家具布局以及后期配饰三个重要环节入手，总结出近30条实用的设计要点。本书还整理出业主关心的50个客厅与玄关格局缺陷问题，以一问一答的形式给出了经济实用的解决方案。

图书在版编目（CIP）数据

不后悔的家居设计图典．客厅·玄关／理想·宅编．— 2版．— 北京：机械工业出版社，2016.6
ISBN 978-7-111-54105-9

Ⅰ．①不… Ⅱ．①理… Ⅲ．①住宅－客厅－室内装饰设计－图集②住宅－门厅－室内装饰设计－图集 Ⅳ．① TU241-64

中国版本图书馆 CIP 数据核字 (2016) 第 143383 号

机械工业出版社（北京市百万庄大街 22 号 邮政编码 100037）
策划编辑：张大勇 责任编辑：张大勇 版式设计：骁毅文化
责任校对：白秀君 封面设计：骁毅文化 责任印制：李 洋
北京汇林印务有限公司印刷
2016 年 8 月第 2 版第 1 次印刷
210mm×285mm · 7.5 印张 · 181 千字
标准书号：ISBN 978-7-111-54105-9
定价：39.00 元

凡购本书，如有缺页、倒页、脱页，由本社发行部调换
电话服务 网络服务
服务咨询热线：(010) 88361066 机 工 官 网：www.cmpbook.com
读者购书热线：(010) 68326294 机 工 官 博：weibo.com/cmp1952
(010) 88379203 金 书 网：www.golden-book.com
封面无防伪标均为盗版 教育服务网：www.cmpedu.com

前言

　　家居设计是令家居空间呈现不同风貌的手段，好的家居设计不仅能体现出居住者的爱好、品位，而且可以令居住者享受到便利的生活方式。总结并提炼出好的家居设计的方法、空间布局的技巧，不仅可帮助居住者设计好属于自己的家居空间，更可回避一些常见的家居设计问题，达到满意的效果。

　　"不后悔的家居设计图典"丛书将家居的各个空间独立出来，共分为三册：《客厅·玄关》《卧室·书房》《厨房·餐厅·卫浴》，每册均涉及家居设计的三方面——空间设计、家具布局及软装配饰。从空间的顶棚、墙面、地面设计，家具的合理摆放到后期的软装搭配，基本涵盖了家居设计的各个环节，内容选取了国内外优秀的设计案例，采用精美的实景设计图片搭配简洁明晰的文字解说的形式，帮助读者掌握不后悔的设计关键，并在每册书的末尾附有格局缺陷化解50招，总结出众多居住者提出的、令人烦恼的格局缺陷问题，以一问一答的形式，予以清晰的解答。

　　参与本书编写的有：刘杰、于兆山、蔡志宏、邓毅丰、黄肖、刘彦萍、孙银青、肖冠军、李小路、李小丽、张志贵、李四磊、王勇、安平、王佳平、马禾午、赵莉娟、周岩。

目录
Contents

不后悔的优化设计

　　如何将设计与空间布局良好地结合，一直是很重要的问题。例如，长条形的客厅空间在设计中不适宜在墙面做过多的、向外突出的造型，会占去客厅的使用空间；楼层低矮的客厅空间，顶棚最好少量设计或者干脆不设计，避免空间带给人压抑感；同时明亮的色彩会增添客厅空间的清新氛围，视觉上有扩大空间的作用；厚重的色彩适合大空间的客厅，为空间带来稳重、奢华气息；小空间的客厅，隔断的选择要通透，在阻隔空间的同时，也不会显得客厅过于狭小。

利用设计手法将小客厅打造出大客厅空间的效果

客厅高度低、自然光线少都会使空间产生狭小的感觉。想要解决这些问题，可在客厅的顶棚中合理地设计反光镜面，提升客厅空间的视觉高度，同时可将室外的自然光反射到客厅中。或者将建筑墙体进行合理拆除和重建，原有的客厅空间大变样，也可实现空间优化的效果。

1 大扇落地窗顶面的反光黑镜，使顶棚产生无限延伸的感觉。配合电视背景墙白漆黑镜的造型，恰到好处。

2 一体化的书房结合客厅空间，透过热烈的阳光使空间产生扩大的视觉效果。

3 通透的玻璃、独立的爵士白大理石造型，将客厅、餐厅、厨房巧妙地结合在一起。

4 墙体拆除后的书房与客厅融为一体，深色系的家具并不使空间显得沉闷，却添一丝稳重。

1 充满曲线的石膏板夹杂银镜造型墙面，若隐若透地烘托出小客厅的丰富视感。

2 狭长低矮的客厅，却通过顶棚和墙面的反光银镜造型，改变了空间的气质。

3 典型的40m²小户型，摧毁了传统建筑结构，重新建立设计规则，任意视角都可享受空间带来的舒畅感。

4 空间的亮点莫过于米色皮革沙发后的玻璃书房，使空间具有很强的整体感。

5 半人高的爵士白电视背景墙、棕色木纹饰面顶棚，使原本狭小的客厅显得宽敞舒适。

1 布艺双人沙发后面的镂空墙体设计，化解了原本客厅的狭长感。

2 条形反光黑镜装饰的墙面，隐约反射出对面的大理石电视背景墙。

3 阳光越过顶棚的方形绿柱洒满房间，使墙面产生光影婆娑的效果。

4 矗立在厨房与客厅之间的葱绿色整体透光条纹隔断，将空间分隔成两个独立的个体。

1 一侧墙面满铺反光银镜，使深色皮纹砖的电视背景墙得以延伸扩大，同时解决了客厅进深感窄小的问题。

2 顶棚两端的反光黑镜造型、电视背景墙的透光玻璃造型，都使客厅空间显得更加通透。

3 深灰绸缎面沙发后侧，白色柜体内的反光银镜在灯带的照耀下，似透过白色柜体之后另有一个客厅空间。

4 可伸缩的白色镶黑边投影布，解决了客厅中设计吧台面无法设置电视背景墙的问题。

5 整面沙发背景墙银镜与印花镜面造型拉伸客厅空间。

6 半人高的矮墙与铁艺幔帘的设计增添了客厅的视觉延伸感。

利用不规则墙体设计出客厅的独创性

不规则的客厅空间常困扰主人，电视墙与沙发如何摆放成为设计中的重要问题。利用不规则的墙体结构安放电视墙，与电视墙平行按距离设计出沙发的摆放位置。宽大的客厅如果显得过于空旷，可利用造型隔断分隔区域空间，最大化地利空间。挑高的客厅空间，将电视墙与沙发墙造型做整体设计结合，可创造出视感壮观的客厅空间。

1 整面落地窗的弧形客厅不缺少采光，搭配大块棕红色窗帘下衬玉米摆缀，轻柔的光线穿过白色纱帘洒在深色绒布贵妃椅上，高贵精致的气息四处弥漫。

2 顶棚中大小、凹凸、排列不一的乳白方块造型化解了尖尖的顶部带来的不舒适感。

3 斜向摆放的橘红皮质沙发改变了客厅的格局，呈现出独具一格的特点。

1 对于热爱读书的主人，电视背景墙设计在侧边的墙面是最合适不过的。

2 侧边弧形墙面做成照片墙，呼应了电视背景墙的弧形造型。

3 棕黑木纹理条形电视背景墙造型横插过弧形垭口，创意十足。既解决了电视背景墙小的问题，又保持了垭口的完整度。

4 顶面的梁体与墙面没有规律地穿插似乎寻找不到主体，却通过电视背景墙的黑白强烈对比收住了迷乱的双眼。

1 现代感强烈的客餐厅分隔设计，无形中弱化了不规则顶面带来的异样感。

2 高大的三扇窗户是突出客厅空间的，却被棕色绒布窗帘巧妙地弱化。

3 不锈钢包裹裸露在顶棚的圆形管道，一根根横梁规律排列，通过简洁的吊灯和家具营造出现代气息浓厚的客厅。

4 与斜面的电视背景墙，平行摆放的沙发，确定了空间的新格局。

1 浅色印花窗帘遮挡住的窗户是设计难点，却被墙面两扇实木雕花格内衬银镜弱化得毫无痕迹。

2 借用尖拱的顶面做出城堡房顶的感觉，充满欧式古典风格的高贵味道。

3 错层的客餐厅地面，一堵嵌满陶瓷锦砖的造型墙简单却充满效果地分隔了两个不同空间。

4 梯形的客厅空间，沙发组合随着窗体的弧度而自然摆放，实木壁炉成了客厅亮点。

客餐厅的一体化顶棚增添
空间整体感

　　客厅与餐厅在同一空间内是大多数家居空间的常见户型结构，这就涉及联体的客餐厅应如何设计，同时顶棚应怎样做优化设计。较小的客餐厅空间适合整体化的顶棚设计，即将客厅与餐厅的顶棚结合到一起设计，这样可产生空间宽敞的感觉，不会产生压抑感；较大的客餐厅空间适合分开来设计，可产生区域分隔的效果，同时增加设计中的复杂变化性美感。

1 简单到极致的顶棚明确地划分了不同的空间，却把美感与造型留给了墙面。

2 客厅的原有顶面刷白漆同餐厅的平面向下顶棚形成错层，区域划分明确。

3 长条的反光银镜顶棚镶嵌斑斑点点的灯光，将客餐厅融为一体。

4 顶棚强调空间的整体性大过于客餐厅的区域划分，彰显出大气的空间气质。

1 随着客餐厅地面的错层而进行错层的顶棚设计，保持了活动空间中层高统一。

2 通过大小不一的方形暗藏光源顶棚的变化，明确地划分了客厅与餐厅的空间。

3 棕红实木顶棚分隔了客餐厅空间，同时与墙面造型巧妙呼应。

4 不同造型的深色实木线条收边顶棚，彰显了客餐厅的奢华气息。

5 乳白色的客餐厅顶棚保持了风格的统一，却通过一席线帘作了巧妙地划分。

1 围绕着客餐厅唯一的梁体，客厅采用内凹暗光源造型顶棚，而餐厅采用凸平顶，两处空间形成互补。

2 随着规整的客餐厅顶棚安置乳白色石膏线条，两盏不同样式的铁艺吊灯分别悬挂在客厅与餐厅的上方，很温暖、很清新。

3 乳白色平面顶棚下，客厅、餐厅、厨房融合在一处空间，吧台成了点睛之笔。

4 客厅与餐厅的乳白色原顶面，通过过道的弧形石膏板拓缝造型增添了空间趣味性。

5 整齐的客餐厅一体空间做整体顶棚，通过家具摆放划分了空间。

1 客厅的直线条顶棚和餐厅的圆形顶棚形成鲜明对比，使空间具有强烈的时尚感。

2 方与圆的变化永远是客餐厅顶棚描述不完的设计表现形式。

3 一处通长的客餐厅空间，通过客厅顶棚的反光银镜设计拉短了彼此的距离。

4 素白色调的客厅与黄蓝色调的餐厅顶棚形成鲜明的对比。

5 客餐厅相同的顶棚设计，却用不同的大小划分了空间。

创意的电视背景墙设计
丰富客厅视觉效果

电视背景墙是客厅设计的重要组成部分，是客厅空间的设计重点，一个良好的电视背景墙设计应该注重装饰性与实用性相结合。在电视背景墙面上做出现代风格层层造型，可将书籍、装饰品、常用物件摆放在上面，在丰富电视背景墙面的同时，解决了客厅的物品摆放难题。这样的设计更加适合户型较小的客厅空间。

1 背景的茶镜与咖色不锈钢柜体组合成米色大理石电视背景墙的一部分，在彰显客厅奢华气质的同时，可以摆放工艺品。

2 典型的不对称电视背景墙造型，在摆满书籍的地方传达出浓浓的生活气息。

3 两侧木饰面柜体遵从电视背景墙对称设计，严密地形成一个整体造型，既美观又实用。

4 一块块颜色不一、大小不同的圆石造型背景墙，两侧延伸出实木隔板，风格质朴且实用性强。

1 新中式电视背景墙的中间设计暗光源与横隔板，在渲染客厅氛围同时可摆放工艺品。

2 一层一层嵌入爵士白大理石内的实木隔板电视背景墙一直延伸至二楼的顶棚，于客厅脱颖而出，可摆放大量的装饰品。

3 组合式电视柜墙体配合深色家具，客厅整体风格和谐统一。

4 整面的悬空啡网纹大理石电视背景墙，侧边搭配木制嵌入式展示柜。

1 墙面的反光白漆柜体对客厅起到很好的装饰作用。

2 新中式推拉木制隔断既可隐藏电视，又能显露出两侧的木制展示柜。

3 定制组合反光白漆柜体安置在灰色背景墙前，使客厅呈现出现代简约风格。

4 上下左右错落摆放的反光白漆柜体组合成电视背景墙造型，令客厅充满活泼的气氛。

1 黑境与皮革软包错落排列的电视背景墙，强烈的现代感充斥客厅空间。

2 流动的翠绿漆造型延绵出餐厅，也形成了电视背景墙的装饰造型。

3 素白的电视背景墙隔板在深色直条纹壁纸的衬托下像水袖一样波浪起伏。

4 十分立体的电视背景墙造型却也可以安放下十分多的物品，同时具备着十分的美。

5 现代风格的质感通过电视背景墙与侧边的不锈钢展示柜表达得淋漓尽致。

6 半墙高的横向石材电视背景墙与纵向垭口形成呼应与对比，令电视背景墙与客厅间融为一体。

1 客厅内全部采用定制高级装饰柜，形成风格独特的电视背景墙。

2 有时，电视背景墙摆放整体定制电视柜造型就已有十足的效果。

3 爱书之人都希望拥有这样一处可以摆放书籍的电视背景墙。

4 通透的印花玻璃墙面阻隔了空间，同时形成充满中式风格的客厅空间。

5 借着突出的墙梁做电视背景墙造型，解决了设计难题也满足了储物需求。

1 棕红色电视背景墙造型，大量的欧式收纳柜与裸露的隔板可摆放红酒。

2 满墙大理石造型与实木电视柜展现客厅的奢华气质。

3 电视背景墙两侧米黄大理石欧式造型展现出客厅的高贵气质。

4 电视背景墙的彩色砖有古朴质感，两侧的木隔板摆放装饰品更显生活精致。

同家具结合一体的沙发背景墙
设计展现完美客厅效果

客厅设计中沙发背景墙与电视背景墙有同样的重要性，往往沙发背景墙设计搭配整体沙发会创造出丰富的视觉效果，提升客厅的风格融洽度。沙发背景墙一般有木饰面造型，可提升客厅空间的质感；有白色石膏线条搭配欧式墙面造型，配合欧式沙发，浓浓的欧式风很简单地就表达出来了；有反光银镜或者花纹磨砂造型，可产生拓展空间的效果。

1 两处暗光带照耀下，深灰皮革嵌不锈钢线条硬包墙面完美地结合了现代中式的沙发设计。

2 墙面白漆造型中嵌反光银镜与墙面壁纸形成恰当比例，与白色布艺沙发融为一体。

3 同一平面，深浅两色壁纸的对比通过实木线条收边，表现出立体与厚重感。

4 组合式不锈钢包边照片墙设计搭配水晶吊灯与落地台灯展现出充满时尚感的客厅。

1 连续的欧式墙壁白漆造型通过两段反光银镜的分隔，中间米黄壁纸挂装饰画，很舒适的白色简欧味道。

2 银灰色皮革硬包菱形满铺墙面，白色石膏线条与反光银镜收边，体现出客厅的高档品质。

3 墙体的棕红木饰面造型向侧边蔓延，形成厚重的感觉，将摆放白色沙发组合的客厅沉稳下来。

4 墙面的仿花窗嵌反光银镜造型搭配散落在沙发间的粉色抱枕，显现出高雅的品位。

1 满墙的黑色大理石搭配肉色皮革硬包，使客厅展现出奢华气息。

2 像钢琴黑白键一样的造型布满两层墙面，米色皮革硬包与反光银镜将现代风格表达得淋漓尽致。

3 亮面方块皮革硬包规律地排列墙面，中间两幅挂画有点睛的效果。

4 爵士白大理石规律的纹路与两侧高档灰方块造型，展现出现代风格的高贵气息。

5 深红色木地板上墙，侧边嵌入一条反光银镜与一面落地银镜，现代感十足。

1 凹凸的原色实木造型，洁净的反光银镜，客厅既古朴又充满现代感。

2 大面积的金属锦砖花纹造型组合成质感十足的沙发背景墙。

3 墙壁中间的欧式乡村水彩画很好地搭配了两侧的竖条窗。

4 大小不一、画面不同的黑白装饰画布满墙壁，与布艺沙发组合十分融洽。

5 中间的黑白组合画作巧妙地化解了整面墙的黑色皮纹砖给空间带来的压抑感。

巧妙设计储物柜增添客厅收纳功能

很多人经常会为客厅没有收纳空间而烦恼，漂亮的装饰品不知道摆放在哪里，或者生活久了产生多余的物件没处安家。利用墙面的设计可优化收纳功能，电视背景墙可设计成层格的形式，电视安放中间的同时，可随意地摆放主人喜爱的装饰品；沙发背景墙可采用层格柜体设计，既可起到分隔空间的效果，又能给过多的物品找到安身之处。

1 整面墙的黑色木制展示柜背衬白色亚克力灯光，可收纳也可摆放装饰品。

2 利用悬空的组合柜体将客厅分隔成相对独立的两个空间，别具匠心。

3 将隔断做成镂空柜体的样式是经典的设计，既美观又可收纳物品。

4 镶入墙内的黑色柜板、反光银镜做底衬的展示柜可摆放精美工艺品，收纳必备物品。

5 沙发背景墙被设计成通透的书柜，通过金色收边线与实木材质展现出低调的奢华气息。

1 一侧的米色漆墙面做满实木柜体，隔板上摆放工艺品，与客厅空间结合质朴、舒适。

2 从地面向上延伸至二层顶棚的独立方格造型柜体，成为空间内的视觉焦点。

3 对称的两侧柜体中间摆放两把欧式古典座椅，与空间内的木饰面墙面完美融合。

4 实木书柜设计有新意，且实用性很强。

1 沙发背景墙造型的深度是满足柜体设计与安置壁炉的关键。

2 米色布艺沙发背后餐厅边的独立酒柜设计，既可摆放餐厅用品又可储存物品。

3 条形的皮革软包中凹进一个米色木纹柜体，层层隔板可摆放各种工艺品与书籍。

4 嵌入墙体内的木制隔层柜体利用反光银镜做背板，很好地达到拓展客厅视觉空间的效果。

5 电视墙侧的大理石结合玻璃隔板柜体展示精致工艺品，提升客厅的品位。

6 错落设计的黑漆柜体，在客厅中起到了良好的装饰作用。

1 咖色不锈钢柜体矗立在硕大的客厅，彰显出大气稳重的感觉。

2 横纵规律排列的方格墙面柜体，巧妙地融合在大面积的木制地板之内。

3 古朴的实木雕花独立柜体，放在客厅内有很强的装饰效果且有很强的实用性。

4 突出于墙面的白色柜体通过花卉图案的柜门装饰并不显得突兀，反倒成为客厅的亮点。

5 弧形的餐边柜与空间内大量的弧形设计融为一体。

充满时尚感的色彩带给
客厅空间青春的活力

充满时尚感的色彩是当下年轻人的选择，谁又会不喜欢清新的客厅空间呢。客厅经过色彩的包装，一定程度上会减少家庭装修的支出费用；较小的客厅空间可减少累赘的造型设计，使主人获得更大的活动与使用空间；同时，富有活力与高纯度色彩的空间，可增强客厅空间的生命力与青春活力，避免呆板单一的视觉空间。

1 简洁黑木地板与一片素白的平整顶面，灰色沙发与白色抱枕等，无处不体现黑与白的经典色对比。

2 大量的原色木纹造型横纵穿插在客厅的白色背景之下，偶尔几个暗红抱枕点缀出客厅的轻快氛围。

3 素白的空间搭配黑色电视柜、灰色沙发、毛绒地毯，时尚感十足。

4 淡米黄与素白的渐进色分布在欧式线条的墙面与皮质沙发之上，形成客厅明亮轻松的色调。

1 双开木门与旧桌的复古色处理在大量留白的客厅空间，充满现代时尚气息。

2 大理石造型上方的红黄蓝大色块画作为客厅添加艺术气息。

3 整面墙采用黑白绘画处理令客厅充满青春与活力。

4 整面墙的海蓝色漆不可谓大胆设计，却传达出时尚与活力的感觉。

1 色彩渐变的条纹造型从电视背景墙一路延伸至沙发背景墙，色彩浓厚，效果沉稳。

2 色彩鲜艳的隔板柜体衬托出客厅空间的时尚年轻活力。

3 海蓝色墙面漆搭配素白的家具柜体与造型，给空间带来地中海气息。

4 电视背景墙的青色玻璃减轻了深色窗帘带给客厅的压抑感。

5 一块块方形青色玻璃随意地排列在沙发背景墙，搭配金属隔断线帘，展现色彩丰富的现代感。

1 气息沉闷的中式家具却被中性绿漆墙面巧妙地化解。

2 黑白相间的陶瓷锦砖烟囱、原色木作、亮灰漆墙面，色彩过度自然，小资味道浓厚。

3 淡粉色的墙面，飞翔的金属白鸽，给客厅带来文艺气息。

4 黄色的拼图墙面、蓝色海星灯，桌面布满儿童课本。客厅气氛温馨又充满活力。

5 牡丹孔雀的墙面中式绘画，色彩丰富，在现代中式客厅中起到很好的装饰作用。

通过玄关设计进行空间区域划分

　　打开入户房门将室内空间看了大半，隐私变得很尴尬。在入户玄关处进行合理的遮挡可避免空间一览无余的尴尬。利用充满现代气息的鞋柜设计，安置在入户门口与客厅之间，可以使空间的造型美化，也可以采用储存衣物的柜体，这些都是良好的优化设计。有时，玄关也可以是纯装饰性的，依照空间的设计风格将玄关进行合理设计，会令人有耳目一新的感觉。

1 两面的中式木雕花隔断很好地分隔出玄关与客厅空间。

2 一整面的木板嵌黑镜造型隔断充满现代感，令玄关与客厅阻隔明显。

3 四扇可转动的木制玻璃隔断，依需要可随时变换造型。

4 玄关鞋柜上侧的黑镜设计增加了空间的通透性，划分出独立的玄关空间。

1 欧式花纹雕花格采用实木线条收边区隔出玄关与客厅的同时与墙面融为一体。

2 原木色悬空鞋柜阻隔开玄关与餐厅的空间，悬空的位置恰好放置拖鞋。

3 水晶线帘搭配木制造型隔断，成为玄关处的亮度。

4 中式木条隔断中安置透光玻璃，通过反射增添隔断的设计感。

1 玄关处黑色木制隔断的造型带有新中式的禅意。

2 通透的空间却通过木制鞋柜的设计无形中划分出玄关的空间。

3 树木造型的雕花格与鞋柜设计为一个整体，很好地阻隔了玄关处的视线，保护隐私。

4 在客厅与玄关之间设计一处地中海风格隔断，若隐若现地展露出内部空间。

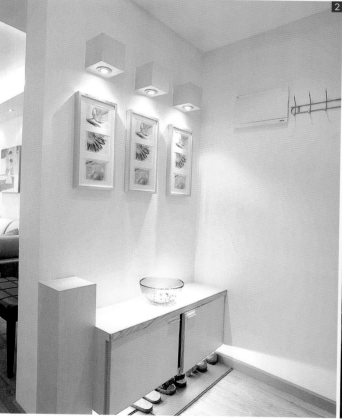

1 大红色中式鞋柜配合淡紫色印花布艺隔断，令空间古色古香。

2 白漆石墙隔断上三盏筒灯，照射出玄关的光影效果。

3 深色木饰面中间米黄壁纸隔断矗立在玄关，效果沉稳。

4 原木色实木玄关柜大气沉稳，起到良好的阻隔效果。

上下一体的鞋柜既可分割空间，又能起到增加储物效果

　　上下一体的鞋柜可起到分隔空间的效果，人们却往往担心设计上不美观。根据不同的风格，可将鞋柜做颜色上的变化，或者将鞋柜门板同设计风格相统一。自然光少的玄关空间，可在鞋柜的中间部位设计暗光源，既可提升玄关的美观度，也能起到照亮空间的作用。在鞋柜的旁边设计矮座墩，出入家门时就有了方便换鞋的位置。

1 整体鞋柜后面的反光银镜很好地拓展了玄关处的视觉感受。

2 新中式黑色整体鞋柜设计新颖，结合了太极理念，令空间拥有文化气息。

3 入户处矮凳的设计方便了主人的换鞋动作，同时高大的鞋柜拥有足够的储物空间。

4 柜体中间的内凹设计符合人的生活习惯，暗光灯带更提升了黑色柜体的档次。

1 玄关的设计满足了一切生活必备的需要，十分人性化。

2 大红色欧式整体鞋柜利用大理石做台面，上面的欧式花瓶插花展现出富贵气息。

3 反光茶镜反射出玄关的窗台，也可当做穿衣镜使用。

4 平面的鞋柜以纹理明显的红色木纹做饰面，解决了鞋柜样式单一的尴尬。

1 白色的连体鞋柜造型下面，灯带照射下的鹅卵石充满创意。

2 鞋柜台面摆设的装饰花在暗光灯带的照耀下增添了玄关处的生活氛围。

3 三处隐藏在白漆鞋柜内的白色光源使玄关处产生丰富的光影变化。

4 鞋盒整齐地罗列在玄关鞋柜处，为鞋柜的设计带来新的变化。

不后悔的家具布局

家具布局是依据家居空间的结构而进行的合理摆放，例如沙发组合的安置、电视背景墙的设计位置等。欧式风格的家具一般较大、较笨重、造型复杂，因此不适合安置在客厅较小的空间，会有拥挤、活动空间狭小的缺点。不同风格的家具不适合摆放在同一空间之内，会产生杂乱、不协调的问题。依据入户门的位置，电视背景墙也有固定的摆放方位，起到展示空间美感与保护隐私的作用。

大空间客厅的家具布局选择

　　硕大的客厅空间会有无从下手的感觉，人们往往会因为担心客厅空旷，将客厅空间家具堆得满满的，这不会有好的效果。选择适合客厅空间比例的家具是很重要的，沙发组合可以选择全套的，下面铺上纺织地毯，整体性自然就出来了。选择一两处摆放上绿色植物或者装饰品，客厅会充满艺术气息。

1 硕大且坐卧舒适的实木皮革沙发是大客厅不错的选择。

2 三组大红绒布沙发的摆放显示出主人对于客厅流动性的追求。

3 较长的客厅通过两把中式木椅与茶具填补了空间的空白。

4 大花纹白色欧式家具放在二层的挑高客厅，彰显客厅的大气与温馨。

5 两侧皆可进入的独立式客厅，大面积沙发组合的摆放使空间饱满起来。

1 欧式古典实木家具的厚重感将较大的客厅空间沉稳下来。

2 高且大的客厅空间却因深色家具与大花纹壁纸而沉稳下来。

3 沙发后摆设的镀银大理石半月桌解决了沙发摆放无法靠墙的尴尬。

4 欧式古典沙发组合与大红欧式古典柜体的结合，充满文化与历史感。

1 沙发组合摆放于客厅的中间既节省了面积，同时又在后面留出过道的空间。

2 通过隔断的设计与中式家具的摆放，化解了客厅空旷的感觉。

3 实木布艺沙发很占用空间，适合大面积的新中式风格客厅。

4 在客厅空白位置摆放一两株绿色植物是很好的选择。

5 满是红木纹理的客厅，通过布艺沙发与棕绿窗帘将硬朗的空间变得更加温柔。

1 大理石欧式罗马柱、铁艺屏风、欧式沙发组合等，共同组成客厅空间的丰富内容。

2 将客厅进行区域划分，合理地安置沙发与过道是很好的选择。

3 通过功能区划分，使客厅成为了多功能性的空间。

4 大量的流动空间更加体现出客厅的简洁与静态美。

1 深色方块拼接地毯内摆放中式沙发组合，明确地划分了流动空间。

2 挑高的客厅空间，沉稳的暗红色皮革与布艺结合沙发及电视背景墙的文化石，搭配出大气高贵的客厅。

3 奢华的古典皮革沙发完美地与沙发背景墙融为一体。

4 采用同一设计语言的客厅充满了重复的美感。

1 同一空间内的客厅与餐厅组合并不显得混乱，通过经典的黑白色与顶棚区分，将欧式空间设计出现代简约风。

2 大客厅总是很适合大件的复古欧式家具。

3 成套的沙发组合与电视柜将客厅风格完美统一。

4 充满禅意的二层挑高客厅，沙发组合的摆放充分考虑了主人的不同需要。

5 欧式罗马柱的空间分布，使客厅具有更强的独立性。

小空间客厅的家具布局选择

通常会遇到这样的问题，客厅空间太小，不知道买什么样的家具。一般这样的空间可选择双人座的单体沙发，旁边摆放一张单人座的沙发很合适，不会占去过多的客厅空间，同时可以在双人座的沙发旁边安置一个角几或者落地台灯。如果贪图沙发的座位数则会得不偿失，人处在客厅既不会感到舒服，还会产生压抑感。

1 去除不必要的墙体而将客厅、书房、餐厅、厨房结合在一处，令空间不会有压抑感。

2 过窄的客厅用减少沙发座椅的方式减少客厅的拥挤感。

3 利用大量的白色调设计很好地解决客厅狭小的问题。

4 单只双人沙发，保留更多的流动空间更适合小客厅的设计。

1 不规则的狭小空间内只留下最关键的家具用品。

2 素白的色调，深棕色布艺双人沙发，节约出空间留给书桌是很合适的。

3 双人沙发对于小客厅是合适的家具选择。

4 星空般的点光源创造出光影婆娑的客厅空间。

5 双人座皮革沙发与造型独特的小巧茶几丰富了客厅空间，却不显拥挤。

1 L形沙发能更好地节省客厅的实用面积。

2 客厅以素白色调为主，加上温暖舒适的布艺沙发呈现出精致的空间。

3 一加二的沙发组合搭配船形茶几，充满创意同时也不会令客厅显得拥挤。

4 黑色反光镜面布满电视背景墙，可将白色沙发组合进行反射，扩大空间视感。

1 通过条形反光银镜对客厅进行反射以增大视觉面积是很好的方法。

2 为了增加客厅的流动性，将单组沙发移至墙边，不阻碍人员的流动与视感的通畅。

3 布满客厅的沙发搭配毛绒地毯，客厅既舒适又温馨。

4 沙发组合与客厅之间的比例恰当，是产生视觉舒畅感的关键。

长条形客厅摆放家具的优化技巧

如果客厅是长条形的，空间也比较规整，不妨试试将沙发和电视柜相对而放，各平行于长度较长的墙面，靠墙而放。然后再根据空间的宽度，选择茶几等家具的大小。这样的布局能为空间预留出更多活动的空间，也方便有客人来时增加座椅。

1 L形银灰色布艺沙发与木制椭圆茶几很符合长条形客厅的结构摆放。

2 黑色真皮沙发与方形实木茶几搭配米色大理石墙面造型，产生宽敞大气的感觉。

3 金碧辉煌的客厅材质搭配新中式沙发组合，客厅空间的奢华气质展现无遗。

4 布艺沙发可以化解电视背景墙石材造型带来的硬朗，令空间更柔和。

1 素白的长方形客厅空间，欧式沙发组合的摆放丰富了空间的视觉。

2 墙面倒边棱镜造型对客厅的反射，化解了狭长客厅空间的尴尬。

3 随着客厅走势设计的顶棚下摆放布艺沙发与餐桌，令空间融为一体产生大客厅的感觉。

4 温暖的素白色调，舒适的淡棕色布艺沙发，使客厅空间充满温馨的生活气息。

5 充满动感的黑白几何墙面造型，搭配皮革L形沙发营造出后现代的家居空间。

1 新中式的客厅空间，设计不显得单调，而且拥有时尚感。

2 白钢吸顶灯的照耀使平顶光影斑驳，弥补了黑色布艺沙发带来的沉闷。

3 真皮沙发的色彩融合了客厅设计的主色调，与电视背景墙的深色皮革软包形成对比，增加客厅空间的进深感。

4 白色布艺沙发摆放在黑色实木地板上，与客厅色彩完美结合。

1 沙发组合与客厅空间的比例恰当，是产生视觉舒畅感的关键。

2 过于狭窄的客厅除了必备的沙发外，去除掉茶几是很好的选择。

3 在客厅狭窄处摆放装饰柜与颜色鲜艳的花朵能化解狭窄带给人的压抑感。

4 狭长的客厅采用欧式风格，在沙发组合的选择上做出取舍是合理的设计。

1 客厅的家具采用明亮的色彩，有扩大空间的视觉效果。

2 电视背景墙旁宽大的过道，令原本封闭的客厅与其他空间形成良好的呼应。

3 明亮的红白对比色提升了客厅的张力，同时设计巧妙的红色单人沙发创意十足。

4 L形深色布艺沙发设计沉稳，增强了客厅空间的流动性。

1 米咖色总是能给空间带来温馨的氛围，搭配黑色皮革沙发提升了客厅的纵深感。

2 L形新中式沙发搭配背景墙通透式设计拓展了客厅的视觉宽度。

3 电视背景墙的通透式设计无形中增大了客厅的视觉感受。

4 现代的电视背景墙设计与黑色皮革沙发组合形成了良好的呼应效果。

5 靠一侧墙面摆放的沙发与餐桌组合，令长方形客厅空间拥有良好的动线。

统一风格的家具摆放减少客厅的视觉杂乱与无主题性

购买家具最好配套，以达到家具的大小、颜色、风格和谐统一。家具与其他设备及装饰物也应风格统一、有机地结合在一起。如选择款式现代的电视背景墙及电视柜，并以此为中心配备精巧的沙发、茶几等，那么窗帘、灯罩、台布等装饰品的用料、式样、颜色、图案也应与家具及设备相呼应。如果组合不好，即使是高档家具也会显不出特色，失去应有的光彩。

1 黄麻布艺沙发的组合设计与现代风格的客厅完美地融为一体。

2 黑与白为主色调的客厅点缀黄色木纹，而黑与白的布艺沙发是最合适的选择。

3 充满实木材质的现代风格客厅，通过质感高雅的现代沙发组合更添简练气息。

4 通畅的客厅空间，时尚的木制雕花隔断与敦厚的实木沙发使客厅稳稳地沉静下来。

1 对欧式空间进行设计简化，改变了沙发的造型，充满新意。

2 深色古典主义沙发与顶棚的咖镜色彩和谐统一。

3 大花纹古典壁纸、欧式古典真皮沙发的选择似将客厅带回到十九世纪的欧洲。

4 实木材质的色彩统一使客厅沉稳且气息内敛。

5 欧式客厅采用错层设计，整个空间显得古典大气。

1 黑色反光漆镀银腿高级绒布沙发使客厅充满现代奢华气质。

2 白色欧式客厅内的浅色布艺沙发为空间带来文化气息。

3 暖色调为主的客厅，选择黑色布艺沙发给空间带来现代感。

4 布满啡网纹大理石的客厅采用不锈钢黑色真皮沙发，具有强烈的时尚感。

1 印在反光银镜上的中国书法，搭配印字的沙发靠垫，在细节处进行统一。

2 欧式田园组合沙发搭配空间内的深色实木楼梯与顶梁，将田园风格表现得淋漓尽致。

3 客厅内每一件家具都提升了整体空间的奢华气息。

4 客厅混搭的家具组合十分融洽，生活气息浓厚。

充满时尚感的家具在
客厅内的安放技巧

　　造型迥异、色彩鲜艳是充满时尚感家具的明显特点，充满着设计思想。这样的家具更适合不规则客厅的空间，因为造型迥异的家具可以从容地安置在其中，并显得十分合理。一般造型独特、奇异，坐起来十分舒适的座椅十分受青年人的喜爱，这样的家具可安放在客厅空间的任意地方，只要符合设计风格，同时又不占去过多的流动空间。

1 鲜明的大红色挑高客厅搭配红白沙发组合，大幅的梦露画相挂在墙壁上，时尚气息四处弥漫。

2 墙面的红白黄仿花朵瓷器设计巧妙，符合新中式的设计理念。

3 布艺沙发中的几个天蓝色抱枕给客厅空间带来活跃的氛围。

4 弧形的白漆隔断、色彩变化的柜体组合、轻巧且设计感鲜明的沙发，无处不传达出空间内的青春活力。

1 两面朱红漆墙面突出于客厅空间，其间摆放黑色厚重沙发，色彩效果舒适。

2 素净、质朴的空间通过一两处设计巧妙的实木家具为客厅添加时尚感。

3 没有一点多余装饰的现代简约客厅，黑白色调运用得十分巧妙。

4 白色调的客厅与原木色家具的搭配永远是时尚的引导者。

5 海军蓝色调的客厅空间充满着主人对于海洋的向往。

6 充斥着橘色、黄色抱枕的客厅，充满愉快、青春的氛围。

1 顶棚采用青蓝色漆处理，令欧式客厅也可以有轻快的感觉。

2 圆形红色单座创意沙发与长方形挑高客厅的绿纹挂画给客厅带来清新与活力。

3 色彩鲜明的新中式客厅，满是中式的花鸟元素。

4 通过色彩运用，使客厅仿佛吹来了佛罗伦萨的意大利风。

1 沙发背景墙的墨绿色墙漆与淡紫色的沙发搭配，和谐舒适。
2 看似沉闷的空间却通过双人沙发的色彩变化，消除了原本的压抑感觉。
3 客厅尽管色彩鲜艳跳动，却利用中性色的墙漆使空间沉稳下来。
4 色彩斑斓的森林设计理念，带给客厅充沛的活力与清新。
5 心形的块状拼接沙发独具匠心，搭配木地板背景墙恰当舒适。

巧妙的家具布局令客厅
空间产生流动美

　　家具布置的流动美是通过家具的排列组合、线条连接来体现的。直线线条流动较慢，给人以庄严感。性格沉静的人，可以将家具的排列尽量整齐一致，形成直线的变化，营造典雅、沉稳的气质。曲线线条流动快，给人以活跃感。性格活泼的人，可以将家具搭配的变化多一些，形成明显的起伏变化，营造活泼、热烈的氛围。

1 弧度柔和色彩清新的沙发与裸露的吊灯电线，令空间充满流动美。

2 仿沙漏的沙发座椅节省了活动空间，同时减少了客厅的视觉阻碍。

3 斜贴的原色实木地板与充满流动感的布艺沙发结合在大气的客厅内，和谐融洽。

4 半圆弧的沙发组合将客厅氛围融为一体。

1 弧形的沙发与灯具电线的弧线造型相呼应，令空间动感十足。

2 墙面随意布置的圆形装饰物，使客厅充满现代感。

3 造型独特的座椅搭配落地灯，使空间简约大气。

4 大面积的玻璃窗使客厅显得更加宽敞明亮。

5 流线形的沙发和圆形的地毯，使客厅空间显得流畅舒适。

1 简练现代的沙发组合，令人行动流畅。

2 黑白色调的现代风格客厅，两把黑白对比的圆椅令空间活泼可爱。

3 简欧沙发的现代手法设计，令客厅充满和谐的质感。

4 极具创意的茶几组合放在客厅内，流动感十足。

1 顶棚的造型与定制沙发的摆放以及地面大理石拼花，形成良好的呼应。

2 墙面与顶面造型的延伸与灰色布艺沙发的摆放改变了客厅的结构形态。

3 顶棚的八面棱镜组合创造出流动的视感。

4 利用客厅空间复杂的结构创造出丰富的视觉感受。

5 横向条纹壁纸与充满弧线的皮质沙发共同营造了客厅的流动感。

根据人员、光线、空气流动制定家具摆放方案

客厅中家具的空间布局必须合理。摆放家具要考虑室内人流路线，使人的出入活动快捷方便，不能曲折迂回，更不能造成家具使用不方便。摆放时还要考虑采光、通风等因素，不要影响光线照入和空气流通。门的正对面应放置较低矮的家具，否则会产生压抑感。

1 大扇落地窗能够更好地将阳光倾洒整个客厅空间，家具舒适古朴。

2 设计新颖的茶几与面包形沙发的组合，增添客厅的趣味性。

3 素白的客厅，简约的家具设计，活动空间充足。

4 落地窗外的一抹绿色为客厅带来自然气息。

1 椭圆的欧式布艺沙发组合摆放客厅的四角，令客厅视觉饱满。
2 客厅空间的一侧摆放单人座沙发更有利于人的流动。
3 围绕壁炉设计客厅沙发的摆放位置，留出空白的地方供人行走。
4 实木包裹的独立墙体造型，使人们可以在厨房与客厅的两侧流动，减小了空间的局限性。

1 大扇的落地窗将饱满的自然光布满客厅，灰色调沙发组合却巧妙地令空间沉稳下来。

2 趣味十足的两个椭圆茶几摆放在客厅，不影响人们的活动路线。

3 沙发组合与餐桌之间留有通道，人们在客厅活动方便舒适。

4 欧式古典沙发的一侧设计活动梯子，方便人们拿取书籍。

5 高举架的客厅空间有足够的自然光线，现代风格的沙发组合简洁明快。

1 充满设计气息的现代风格客厅，造型独特的落地台灯成为客厅亮点。

2 通过弧形隔断造型划分出独立的客厅空间。

3 统一的顶棚设计、充分的采光与家具的合理安置，促成了客厅空间的舒适与高贵气质。

4 合理安排沙发组合在客厅内的位置，可节省出大量的空白空间用以活动。

客厅中的沙发与茶几的优化布置

　　最常见的客厅家具莫过于沙发、扶手座椅、茶几、电视柜等，想要有一个属于自己的客厅，如何将这些家具元素根据实际情况进行灵活摆放就成了最重要的部分。客厅的家具应该根据主人的活动情况和空间的特点来进行布置，可按不同的家居风格选用对称形、曲线形或自由组合形等多种形式来进行自由布置。

1 仿皮箱的茶几设计与科技感十足的单人沙发为客厅增添了后现代感。

2 沙发一角的茶几设计既方便使用又节省空间。

3 圆形的黑色木制茶几给人们提供了更多的流动空间。

4 圆形的欧式古典风格茶几安置在大型的欧式沙发中间，方便主人的活动。

1 简洁的四块实木拼接茶几与白色布艺L形沙发简约的设计呈现出理性的客厅空间。

2 圆形的不锈钢茶几与不锈钢圆环吊灯相互衬托，效果时尚充满质感。

3 长方形实木茶几设计搭配绿色植物，使人们仿佛置身美国的西海岸。

4 黑色木制茶几设计如同围棋棋子，迎合了新中式的客厅设计。

5 素白的沙发组合与茶几通过材质的变化增添客厅的奢华气质。

1 高过沙发平面的角几设计为欧式客厅增添一丝新意。

2 高低分体的茶几设计为简欧的客厅呈现出新意与亮点。

3 纯布艺沙发组合中间摆放原色实木茶几，材质间的变化丰富了客厅的视觉。

4 欧式古典沙发与茶几组合使客厅达到风格统一的效果。

1 鎏金的茶几与沙发组合更显客厅空间的奢华。

2 白色方形茶几摆放在方格拼接地毯上，风格统一。

3 茶几采用布艺设计，呈现温馨舒适的客厅空间。

4 爵士白大理石台面搭配镀银桌腿的茶几显示出客厅的高贵与明亮。

玄关空间鞋柜、座椅、穿衣镜的合理安置与运用

玄关空间是入户的第一视觉点，空间有局限性，因此玄关空间每安置一件家具都要经过仔细的选择。相对独立且较大的玄关空间是可以同时安置下鞋柜兼衣帽柜、座椅及穿衣镜的，注意穿衣镜不可直接面对门口。如果玄关空间较小则可适当地去掉换鞋的座椅，如果穿衣镜安置位置过于显露，也可选择去掉。

1 利用鞋柜与装饰品设计成的玄关，即实用又美观。

2 嵌入墙内的鞋柜组合储物充足，背面印花金镜展现出空间的雍容华贵。

3 鞋柜的台面摆放装饰花瓶与彩色玻璃砖，令玄关带给人们美妙的视觉享受。

4 玄关处蓝色印花布帘的设计别出心裁。

1 欧式玄关空间，穿衣镜与座墩的设计方便主人使用。

2 田园风格的矮座椅设计，里面收纳鞋袜，设计巧妙。

3 蓝漆石膏板拓缝造型带给玄关延伸感，白色鞋柜嵌入墙内节省空间。

4 一面墙的嵌入式百叶门鞋柜，中间的条形银镜可帮主人整体衣冠。

1 入户玄关的设计烘托了空间风格，同时百叶门鞋柜实用性强。

2 以展示为主的新中式鞋柜设计，搭配瓷器与挂画，格调高雅。

3 实木鞋柜嵌入弧形造型内，百叶门的设计使鞋柜具有良好的透气性。

4 成品整体鞋柜安放在玄关的合理位置，不显得突兀且具有良好的效果。

不后悔的 的 配饰运用

软装配饰对于客厅空间是十分重要的，尤其在当下盛行轻装修、重装饰的理念之下。例如，客厅的布艺窗帘选择应符合整体空间的装饰风格，窗帘纹饰不要过于复杂、昏暗，大面积的窗帘会影响居住者的心情。吊灯、台灯、装饰灯具的选择同样符合客厅的装饰风格，依照空间的大小，选择合适的比例。还有装饰挂画的选择，应依照沙发背景墙的设计、大小，做出合适的选择。

多样化的窗帘样式带给
客厅温馨感

　　客厅窗帘占整体软装配饰很大一部分，是客厅风格展现的重要组成部分。欧式风格的窗帘造型相对多样，可选择性高；中式风格窗帘则通常带有中式花鸟山水纹饰，色彩以中性暖色系为主；现代风格的窗帘以简洁为主，多为单色无纹理的样式，通过材质做区分等。

1 简约风格的客厅空间，百叶帘的设计最能表达出简约设计的内涵。

2 黑白色调的客厅搭配黑底银花窗帘以及一层淡灰色纱帘，烘托出充满时尚感的欧式客厅。

3 窗帘的色调与布艺沙发的色调统一，完整地表达现代风格的简练与质感。

4 棕色的布艺窗帘，通过空间色彩的过渡，增添视觉纵深感。

1 大花纹绸缎窗帘延续了墙面壁纸的样式，使客厅有美式乡村效果。

2 淡米色窗帘化解了客厅色调趋于单一的问题。

3 米色布艺窗帘与白色百叶帘的结合并不突兀，反而使客厅空间更加温馨。

4 扇形帘的规律排列，增添了客厅空间的欧式味道。

5 触感软柔的淡粉色窗帘搭配客厅家具，使空间更具女性温柔气息。

1 窗帘与鲜艳花朵将客厅内的浪漫气氛烘托到极致。

2 暗红印花纱帘有利于提升空间的浪漫与温馨感。

3 黑白花纹的窗帘使暖色调的欧式空间展现出丰富的视觉效果。

4 经典的欧式花纹窗帘以及印花的纱帘，将乡村风格烘托得淋漓尽致。

1 中式风格的拼接窗帘，绸缎的材质更能烘托客厅的高贵气息。

2 温暖的阳光透过质感柔软的窗帘，更能增添客厅的温馨气氛。

3 湛蓝色的窗帘使暖色系的客厅空间色彩更加丰富，避免过于平面化的视感。

4 从深蓝色的窗帘到淡蓝的沙发，再至米色的壁纸，空间的色彩充满张力。

5 淡蓝色窗帘搭配两个红色抱枕，点与面的色彩搭配 令客厅充满活力。

装饰地毯更易展现客厅
的丰富与绚烂

　　客厅地毯的装饰性很强，因此在选择地毯时应强调装饰性与功能性共存。欧式的大花波浪纹包边地毯，中式的浓重色彩地毯，现代风格简洁但材质多变的地毯等，依照不同的客厅风格进行选择。同时客厅地毯的大小以压到半边沙发为最好。

1　圆形的地毯铺在茶几的一角，装饰性大于实用性。

2　棕灰色的毛绒地毯更适合现代空间，主人走在上面十分舒服。

3　欧式古典地毯使色调较浅的客厅沉稳下来。

4　几何图形地毯造型增添了现代风格空间的理性与沉稳质感。

5　大面积灰色地毯增添了客厅柔软舒适的质感。

1 整块的米色地毯上，错落变化的黑色线条，丰富了后现代风格空间的变化。

2 粉红色绒毛地毯搭配红白相间的沙发组合，整体效果自然。

3 从灰色布艺沙发过渡到黑色绒毛地毯，由浅到深，客厅效果沉稳。

4 祥云地毯样式、大红与深灰的对比色都令中式风格与现代设计结合得更紧密。

1 淡米色绒毛地毯将深色的沙发组合与墙面深色实木造型进行合理地淡化。

2 采用银灰色的毛绒地毯是提升客厅档次的有效方式。

3 色彩绚烂的六边形块拼接地毯设计巧妙，效果突出。

4 银灰色毛绒地毯与黑白欧式沙发组合完美融为一体，使客厅展现出高贵的气质。

1 大面积的黄色花纹地毯布满客厅空间，丰富了客厅的色彩与视觉效果。

2 素白麻面棕色收边的地毯与白色布艺沙发组合，搭配中式实木家具，效果融洽舒适。

3 欧式古典花纹地毯风格与沙发统一，色彩过渡自然、舒适。

4 仿动物毛皮的黄白花斑地毯为欧式客厅空间增添一丝野性。

吊灯与客厅良好的比例带来柔和、饱满的光影变化

　　客厅的主光源一般会选择吊灯，例如欧式水晶吊灯，在楼层高度较低的客厅空间则更适合水晶吸顶灯。在不同大小的客厅空间，也有必要随着空间比例而选择合适的吊灯，并不是吊灯越大而灯光越亮。注意不同的装饰风格，吊灯选择也要随之变换。欧式的铁艺水晶吊灯，中式的木制宫廷吊灯，现代风格造型奇特的吊灯等。

1 圆形透光布艺印花吸顶灯与素白的顶面融为一体，搭配中式风格空间和谐自然。

2 创意十足的球形吊灯，斑驳的光影丰富了素白的顶面空间，且与现代风格家具搭配完美。

3 黑色铁艺吊灯搭配欧式古典沙发与棕红实木壁炉，风格结合效果明显，色彩浓厚。

4 欧式铁艺吊灯的色调与沙发组合统一，为素白的客厅空间增添纵深感。

5 黑色灯罩的欧式水晶吊灯与客厅空间的米色调对比强烈，形成空间的纵深感。

1 拥有现代感觉的欧式客厅设计，搭配白钢水晶吊灯是恰当的选择。

2 铁艺吊灯正对茶几，即使楼层高度较低也不会影响人的走动。

3 具有繁复水晶吊坠的欧式铁艺吊灯成为客厅内的亮点。

4 复古棕红漆铁艺欧式吊灯搭配棕红色真皮欧式古典沙发组合是最合适的。

1 欧式水晶吊灯较小的下吊距离可减少客厅可能带给人的压抑感。

2 椭圆形仿鱼造型吸顶灯为素白的客厅带来趣味性的变化。

3 下坠水晶的现代吸顶灯似斑斓星空，搭配现代风格客厅有精致的感觉。

4 白色雕花顶棚选择金黄色满嵌水晶吸顶灯，奢华气息立时显现出来。

1 中式雕花与欧式古典家具相结合的客厅，吊灯的设计很好地传承了中西合璧的设计，与整体空间结合完美。

2 四盏方形中式宫灯组合成的吸顶灯固定在雕花的顶面，搭配客厅内的新中式家具，色彩和谐统一，光感温馨舒适。

3 整体色调沉闷的简欧客厅，采用色彩素白的欧式铁艺吊灯，化解了过深的色彩带给人的压抑感。

4 实木雕刻的中式吊灯匠心独具，为中式客厅展现精致的细节。

精致的装饰性灯具带来斑驳光影的同时起到装饰效果

　　装饰性的灯具不像吊灯那样注重功能性，设计感丰富的装饰性灯具主要是提升客厅空间的设计语言，为客厅空间创造出或浪漫温馨，或高贵典雅的氛围，是客厅装饰必不可少的元素。依照不同客厅空间大小，可选择造型新颖的落地灯，或者放在茶几上小巧而精致的台灯，或者有着幽暗灯光却充满设计语言的台灯。

1 弧形白钢装饰落地灯与圆形白钢面铺黑镜茶几形成呼应，呈现出现代风格客厅的质感。

2 飘带一样旋转的实木造型落地灯，材质同沙发保持一致，增添了客厅的温馨效果。

3 电视背景墙一侧的实木落地灯同空间色调与风格完美统一，在素白墙面的衬托下，更显精致的设计感。

4 二层挑空的客厅空间，弧形落地灯照射出的明亮光线成了客厅内的主光源。

1 两侧对称的新中式台灯摆放遵从了客厅设计的对称原则。

2 简约风的客厅一片素白，通过弧形白钢装饰落地灯提升了空间的设计感与高贵气息。

3 两侧角几台灯的选择与沙发的搭配突显了完美的整体性效果。

4 黑色灯罩的白钢台灯与客厅内大量的白色形成对比，提升了空间的时尚感。

1 极具创意的不锈钢紫色灯光落地灯充满时尚感,与风格一致的客厅吊灯相呼应。

2 青花瓷造型的台灯中式韵味十足。

3 台灯选择中规中矩,在欧式客厅不显得突兀,同时起到良好衬托作用。

4 白色台灯的选择巧妙地搭配了白色混油绒布沙发组合。

1 青花瓷台灯的色彩突出，成为中式客厅空间的亮点。

2 墙面造型一侧的中式落地装饰灯，设计新颖、造型独特。

3 沙发两侧的台灯设计不无突破，与家具搭配却也十分合理。

4 充满张力的白色落地灯，创意的造型成为客厅中的亮点。

5 欧式沙发组合角落处摆放的台灯照射出的斑驳光影，使客厅的光线更加富于变化。

1 不锈钢欧式台灯的灯罩色彩与沙发组合的统一令客厅有更舒适的视觉效果。

2 因客厅沙发的摆放空间而选择一侧落地灯、一侧台灯，却于风格上进行了统一，起到呼应效果且节省了空间面积。

3 黑色反光漆的台灯对于暖色调的客厅空间装饰效果明显。

4 简约的台灯设计与客厅色调融为一体，形成效果统一的客厅空间。

1 角落处台灯的斑驳光影增添了墙面的变化，提升了客厅的趣味度。

2 旋转楼梯与客厅之间的装饰台灯摆放起到了分隔区域的作用。

3 书桌前的落体灯既装饰了客厅空间，同时起到照明的作用。

4 科技感很强的黑色落地灯成为无主灯式客厅的主要光源。

装饰挂画的美化效果为客厅带来另一扇窗

　　装饰挂画对于任何一个家居空间都是不可缺少的装饰元素，不论是欧式的鎏金水彩人物画、鎏金水彩风景画，还是中式的实木边框黑白水墨画，以及现代风格的装饰画，在不同的空间内可分别表达出不同的情感，同时体现出主人的品位。或者是长幅单张风景画悬挂沙发背景墙面，或者三幅竖版装饰挂画并列的挂在墙面上，都依据不同的客厅结构而定。

1 黑白色调的现代风格装饰挂画，装饰了客厅空间，同时传达出画作的深邃意境。

2 抽象派的装饰挂画传达了简约风格客厅空间的静谧气息。

3 三种色块拼接的抽象派装饰挂画弥补了素白墙面的单调性。

4 橘色沙发上方的现代装饰挂画，通过艺术化的手法过渡了客厅的色彩。

1 装饰油画搭配木质墙面装饰，使客厅空间显得高贵典雅。

2 纯色的装饰画无疑成为客厅内的视觉焦点。

3 两幅色彩丰富的镶金框装饰画整齐地排列在实木背景墙面，弱化了红木墙面的单调性。

4 沙发背景墙的装饰油画与沙发组合的色彩融合为一个整体。

1 大幅深红装饰画打破了空间的沉闷气氛。

2 镀银框的欧式画与墙面的色彩搭配和谐。

3 长幅的欧式装饰画成为奢华客厅内的亮点。

4 人物装饰画展现出主人对于艺术的理解。

5 布满墙面的装饰挂画令简洁的墙面产生丰富的视觉效果。

1 气氛深沉的客厅空间需要欧式风景装饰画的点缀。
2 并不突显的沙发背景墙装饰画却是烘托客厅氛围最好的选择。
3 画幅较小的装饰画与客厅空间的比例恰当舒适。
4 带有中世纪欧洲人物的装饰画，最能突显客厅内的文化气息。

艺术品、工艺品的摆放提升主人的品位

艺术品、造型别致的工艺品属于有文化气息的装饰品，简单堆放在客厅一角显然低估了艺术品或工艺品的价值。工艺品的摆放应相对独立，如小件的工艺品可独自摆放在装饰柜上，大件落地工艺品可选择客厅显著位置进行摆放，这样在不影响空间风格的同时，很好地提升了主人的艺术品位。

1 充满艺术感的花瓶、黑白铜钱的设计衬托中式屏风，令空间充满艺术气息。

2 复古的中式柜体，对客厅起到装饰效果的同时增加储物空间。

3 将旅游收集来的装饰品摆放展示，装饰客厅内的每一处细节。

4 墙面的两块实木雕刻装饰品提升了客厅的品位。

1 客厅角落通过摆放中式大红装饰瓶以弥补空间的单调与空旷。

2 装饰性的圆盘与鎏金装饰瓶相互衬托，呈现出奢华的空间感觉。

3 鎏金工艺品的选择增添了新中式客厅的奢华气质。

4 工艺品的选择与摆设往往可以激活空间内的活力与变化。

1 红漆亮面电视柜提供功能性的同时拥有良好的装饰效果。

2 可组合拉伸的挂衣架本身就是一处不错的装饰。

3 白色陶瓷瓶组合设计感十足，摆放在黑色柜体上色彩自然。

4 角几上的绿色植物装饰品给客厅带来自然气息。

1 中式风格的装饰隔断为客厅提升美感。

2 电视背景墙两侧的工艺壁灯，精致的水晶造型为客厅带来时尚感。

3 欧式壁炉台面摆放的工艺品展现了主人的高雅品位。

4 精致的装饰摆画与两侧的工艺品，为客厅带来浓浓的文化气息。

绿色植物在客厅空间的选择和摆放

健康的有生命力的客厅空间是离不开绿色植物的，可减少客厅的沉闷感觉。绿色植物有大有小、有不同的品种，摆放位置同样重要。因此，不同风格的客厅空间应根据风格地域的不同，进行合理的绿色植物选择。客厅空间小，绿色植物应选择可摆放在桌面上、茶几上的样式；客厅空间大，绿色植物可以选择大株的、落地式的，为客厅源源不断地输送健康空气。

1 色调沉稳的欧式古典客厅内摆放一株绿色的植物，给空间带来自然气息。

2 经过设计包装的绿色植物摆放在客厅任意位置都十分合适。

3 绿色植物摆放在靠近阳光的地方更利于光合作用。

1 三处相互呼应的绿色植物显示出主人对生活的热爱。

2 靠墙摆放的绿色植物与墙面造型完美地融为一体。

3 极具创意的装饰花盆与茂盛的绿色植物展现了客厅的勃勃生机。

4 电视背景墙一侧的绿色植物为客厅空间带来清新与轻快的色彩。

5 中式的装饰花盆种植绿色植物在客厅起到了良好的装饰作用。

1 芳香的百合花安插在白瓷装饰瓶内，搭配欧式沙发雍容华贵。

2 绿色植物摆放在暖色调的客厅中，令空间充满张力。

3 两株的绿色植物相互呼应，点缀客厅空间。

4 白色简欧的客厅空间需要盎然绿色的植物点缀。

1 大型的绿色植物摆放在黑白色调的客厅内,令视觉感受舒适。

2 大客厅空间适当地多摆放绿色植物更利于空间内空气的流动与转化。

3 绿色植物依据欧式古典风格而进行合理的搭配。

4 绿色植物摆放在客厅的角落处不会妨碍流动空间的舒适度。

提升主人品位的玄关
装饰品选择

　　玄关作为家居空间的门户，保持实用性的同时应注重美观性，对于家居空间的认识首先来自玄关。做好硬装的同时更应注意玄关装饰品的选择。在鞋柜的台面上摆放一件精致的、符合空间风格的工艺品，或者将装饰画、充满设计感的装饰服饰悬挂于墙面，均能不同程度地展现出主人对于空间细节的把控。令人置身玄关便会深深地爱上整体家居空间。

1 青绿色的装饰瓶组合搭配色调统一的玄关空间，清新自然。

2 一组白色瓷器加装饰挂画将玄关空间丰富起来。

3 乡村风格的鞋柜本身就是很好的装饰品，加上绿色植物的摆放更添生活气息。

4 墙面圆盘镂空雕花设计的复古味道同瓷器矮凳相互呼应，展现主人的空间品位。

1 中西合璧的玄关端景设计文化气息浓厚。

2 装饰柜与工艺品的选择，风格与装饰隔断统一，整体效果充满奢华气质。

3 造型奇特的装饰画框、风格复古的装饰柜，上下搭配呈现出贵族气质。

4 鎏金工艺欧式装饰瓶的摆放将玄关处的奢华展现无遗。

格局缺陷化解50招

1. 大客厅空间应怎样设计?

答：注意空间的合理分隔。通过隔断等设置，使每个功能性空间相对封闭，从而达到化解客厅空旷的尴尬。或者可以通过家具的摆放软性划分，起到分隔空间的作用。

2. 小客厅空间应怎样设计?

答：设计重点是实用，设计简洁的家具是小客厅的首选。另外可以利用冷色调扩展小客厅的视觉空间。

3. 三角形客厅应怎样设计?

答：可以通过家具的摆放来弥补，使放置了家具以后的空间格局趋向于方正。另外，在用色上最好不要过深，要以保持空间的开阔与通透为主旨。

4. 弧形客厅应怎样设计?

答：选择客厅中弧度较大的曲面作为会客区；也可以在家具的选择上弥补空间缺憾。比如沿着弧形设置一排矮柜，可存放物品，既美观又有效利用了空间。

5. 多边形客厅应怎样设计?

答：可将多边形客厅改造成四边形客厅，有两种方法，一种为扩大后改造，即把多边形相邻的空间合并到多边形中进行整体设计；另一种为缩小方式，把大多边形割成几个区域，使每个区域达到方正的效果。

6. 客厅狭长怎么办?

答：可将原建筑墙体拆除进行重建，通过半人高的墙体扩大空间视觉；利用墙面做反光镜片造型，利用反射原理扩大空间视觉。

7. 客厅低矮怎么办?

答：减少顶棚的造型，避免不必要的压迫感；顶棚设计利用反光镜片（可以选择磨砂镜片、黑镜、银镜等）做视觉延伸。

8. 挑高过高的客厅怎么设计才会让人觉得舒适?

答：客厅空间过高，在装修设计时应该解决视觉的舒适感，具体做法是，采用体积大的灯具弥补高处空旷的感觉。在合适的位置圈出石膏线，或者用窗帘将客厅垂直分成两层，令空间宽敞豪华而不空旷。

9. 客厅墙体不规则怎么办?

答：寻找安置大件家具（如沙发、茶几）最合理的位置，在沙发的对面视角延伸舒适的位置设计电视背景墙，其他方面围绕沙发与电视背景墙为中心，进行延伸设计。

10. 客厅采光差怎么办?

答：装修尽量选择浅色、靓丽轻快的色调；家具避免颜色过深、厚重的样式；空间造型不宜复杂，会增加压抑感。

11. 客厅正对入户门怎么办?

答：在入户门与客厅之间设计玄关隔断，保护隐私。注意玄关不要过于狭窄，隔断可同鞋柜设计成一体。

12. 客厅通风不佳怎么办?

答：在基础装修中，可以通过改造墙体，使房屋格局中形成空气对流通道，但是要注意改造后的对流风，要以曲线流动，形成回旋风为宜。

13. 客厅常受室外的噪声影响怎么办?

答：针对噪声问题，首先要从墙体结构上下功夫，在靠近马路和街道的一面墙，增加 1 ～ 2 层纸面石膏板，中间用吸声棉填充，石膏板表面再贴上壁纸或者刷漆，这种墙面的吸声和隔声效果更佳。

14. 客厅温度失调（冬冷夏热）怎么办？

答：从基础装修来说，可以考虑做房屋外墙内保温，或者顶层做顶面内保温；从窗户处理来看，可以加装密封条，将单层玻璃窗改为双层中空玻璃窗，把推拉窗换成平开窗，增加其密封性。

15. 一体式客餐厅怎样设计？

答：餐厅和客厅之间的分隔可采用灵活的处理方式，可用家具、屏风、植物等做隔断，或只做一些材质和颜色上的处理，总体要注意餐厅与客厅的协调统一。

16. 怎样扩大客厅的视觉效果？

答：可以通过在空间中运用不同的色调来提高视觉效果。但要注意，在同一空间内不要过多采用不同材质及色彩，最好以柔和亮丽的色彩为主调。小户型还可以通过采光来扩大视野，如加大窗户的尺寸或采用具有通透性或玻璃材质的家具等。

17. 复式客厅的楼梯应怎样设计？

答：根据原建筑楼梯口的大小、长宽比例，可选择旋转楼梯或直梯。对于客厅空间较小的，旋转楼梯是更好的选择；而客厅较大或者长方形的空间，选择直梯会更合适，并且可起到分隔空间的作用。

18. 错层的客厅空间应怎样设计？

答：错层的客厅应注意楼梯台阶的位置不可与家具摆放有冲突；宜选择高挑的家具；楼梯应加扶手，可防止发生危险。

19. 二手房的客厅应怎样设计？

答：根据拆除之后客厅采光的好坏，实用空间的大小，楼层的高低等进行分析。注意，最好不要利用原有的造型进行二次设计，这样做并不会减少装修投资，同时在后期容易出现问题，且装修责任不好划分。

20. 客厅与阳台之间需要安装推拉门吗？

答：阳台一般有两种设计：功能性设计（洗衣、晾衣物、储物）与美观性设计。功能性设计更适合安装推拉门，隐藏杂乱的阳台。或者客厅空间小、客厅空间阴暗，则安装推拉门是更好的选择。

21. 客厅电视背景墙小怎么办？

答：首先可以改变客厅的布局，即进行墙体的拆除与再建，可增大电视背景墙的面积；或者通过装饰隔断将电视背景墙一侧进行延伸；或者将电视背景墙的造型设计复杂改变人们的视觉印象；或者将电视背景墙设计成竖长的造型，改变设计的延伸方向同样能创造良好的效果。

22. 客厅沙发组合应该怎样摆放？

答：装修过程中常常会遇到沙发背景墙短小，放不下心仪家具的情况。可根据客厅布局，进行沙发背景墙与电视背景墙对换设计，轻松地摆放下心仪的沙发组合。也可利用隐形的隔断增加沙发背景墙的长度。或者依据客厅的空间对沙发进行合适比例的选择，会更利于客厅的整体效果。

23. 面积较大的客厅该如何进行配饰搭配？

答：大面积的客厅给人提供舒适自如的活动空间，但有时也不免给人空旷的感觉，克服这一问题最简单的办法是巧妙使用各种小饰品。例如在大面积客厅中，有可能会出现很长的一面墙壁，如果在这样的墙壁上悬挂一幅很大的装饰画会显得难看，而采用一组较小的装饰画则会有很好的装饰效果。地毯在大客厅中会有很多用武之地，尤其是图案比较抽象、色彩较为艳丽的地毯，会有很独特的装饰效果。

24. 面积较小的客厅该如何进行配饰搭配？

答：客厅如果面积很小，沙发、茶几都摆放得很近，容易给人拥挤的感觉，在装饰挂画的选择上也要格外注意，否则会给人压抑感。不妨试试中型挂画，这样会显得比较大方；如果画过多或画框太小、太多，容易给人散乱的感觉。

25. 客厅墙面"挖洞"设计该注意些什么问题？

答：在如今的居室设计中，墙面挖洞已经成为一种普遍的装饰手法。此种手法不仅可以提升空间的美观度，也可以增加收纳的功能。但若想墙面挖洞挖得好看又合理，最好请专业的设计师进行设计，切勿为了满足自己追求创意的想法而随意挖掘，从而对空间的整体结构造成影响。

26. 客厅中多余空间如何即兴设计？

答：在家居设计中，不可能做到将每一个居室都规划得完美，完全对应主人的需求，有时不免会有多余的空间及死角出现，这时候就需要设计者发挥聪明才智来解决这些空间问题。例如如果客厅的空间过于空旷，不妨在合适的位置打造一个工作台，或者建造一个吧台，甚至摆放上一架钢琴，这样的设计手法不仅规避了空间问题，而且为家居生活增添了别样的乐趣。

27. 如何为客厅加入书房功能？

答：对于拥有大房子的人来说，可将独立的房间作为书房来使用。但对于拥有小房子的普通人家来说，单独辟出一个书房就有些奢侈了。因此在没有客人来访的时候，客厅就可以充当起书房的角色。客厅和书房的组合最需要注意的就是功能分区，客厅作为会客、休闲的公共区域和书房需要相对安静的功能需求是有些相悖的，所以无论是大面积客厅还是小面积客厅，如果加入了书房功能，都需要通过特殊的手段来达到功能分区的目的。

28. 如何将客厅改造成工作室？

答：如果房间较小，客厅空间不大，还想在客厅的旁边做出一个小的工作区，留出一整面墙用作展示，可以采用墙面大面积布置搁架的方法，将各种各样的收纳盒放在上面，既可收纳又有展示作用。

29. 如何将客厅改造成多功能活动室？

答：如果将客厅定位为多功能活动厅，装修风格尽量简约，后期再购置家电和运动器械。一般来说，多功能活动室的家具要尽量小巧、方便移动，为了节省空间，可以不用电视柜而采用隔板置物，照明宜采用吸顶灯。业主也可以选购一些体积较小的单人沙发，这样多功能活动室就可兼有会客的功能。

30. 如何根据客厅的朝向选择空间色彩？

答：朝东的房间：很早就有日光，但是房间也会较早变暗，所以使用浅暖色往往是最保险的。

朝南的房间：日照时间最长，一般使用冷色会使人感到更舒适，效果也更迷人。

朝西的房间：受到一天中最强烈的落日西照的影响，应考虑用深冷色调，这样看上去更舒服。

朝北的房间：由于没有日光的直接照射，所以在选色时应倾向于暖色调，且色度要浅。

31. 小户型的客厅该如何进行色彩搭配，才能放大空间？

答：小户型的客厅一般可选择浅色调、中间色调作为家具、窗帘的基调。这些色彩因有扩散和后退性，能延伸空间，让空间看起来更大，使居室能给人以清新、明亮宽敞的感受。墙壁宜用同样色泽的墙体涂料或壁纸，可使空间显得整洁洗练。

32. 客厅中用原木色家具，搭配什么颜色的窗帘好看？

答：原木家具的色彩现在主要有两种，一种是将木材的颜色做旧，将古典的欧式风格融入其中；另外一种是木材的本色，十分淡雅清新。这两种颜色的原木家具都可以用简单的布艺进行搭配，最好配一些清淡而不失朝气的颜色，如典雅的灰色系，温柔恬静的浅色系都是比较好的，可以让整个居室的立体感更突出。

33. 中式古典风格的家居，最好用什么样的配色？

答：中国红：红色对于中国人来说象征着吉祥、喜庆，传达着美好的寓意。在中式古典风格的家居中，这种鲜艳的颜色被广泛使用，代表着主人对美好生活的期许。

富贵黄：黄色系在古代作为皇家的象征，如今也广泛用于中国古典风格的家居中；并且黄色有着金色的光芒，象征着财富和权利，是骄傲的色彩。

34. 如何掌握客厅家具布置中的对称与均衡的原则？

答：在中国古典建筑中，对称与均衡一直存在着。在家具布置上，对称与均衡也无处不在。例如长方形的餐桌两边是造型一致的餐椅，这是一种对称，在形式上达到视觉均衡，产生一种对称美。没有明确的主次关系，空间往往会显得单调，这时候就应该有个视觉中心，如在墙上挂上装饰画。需要注意的是，重点不要过多，避免造成没有重点。

35. 如何掌握客厅家具布置中的过渡与呼应的原则？

答：家具的形色不会都是一样的，所以一定要注意个体家具之间、家具与整体环境之间的过渡与呼应。例如，沙发与茶几都是简洁的造型，彼此之间有很好的呼应；茶几上如果摆放布艺饰品则会给视觉一个和谐的过渡，使得空间变得非常流畅、自然。

36. 如何令家具的布置具有流动美？

答：家具布置的流动美是通过家具的排列组合、线条连接来体现的。直线线条给人以庄严感。性格沉静的人，可以将家具的排列尽量整齐一致，形成直线，营造典雅、沉稳的气质。曲线线条给人以活跃感。性格活泼的人，可以将家具搭配得变化多一些，形成明显的起伏变化，营造活泼、热烈的氛围。

37. 小户型客厅应怎样进行分隔设计？

答：小户型客厅的分隔设计主要区分在材料选择上。空间分隔所选用的材料，一般宜采用通透性强的玻璃或玻璃砖，或者是叶片浓密的植物，或者是帷帘、博古架。若选用以薄纱、木板、竹窗等材质做成的屏风作分隔设计，不仅能增加视觉的延伸性，还能给居室带来一种古朴典雅的氛围。

38. 中等户型客厅应怎样进行分隔设计？

答：分隔设计宜选用尺寸不大、材质柔软或通透性较好、有间隙、可移动的类型，如帷帘、家具、屏风等形式。这种分隔方式对空间限定度低，空间界面模糊，能在空间的划分上做到隔而不断，使空间保持良好的流动性，增加空间层次的丰富性。为保证空间拥有较好的通风与采光，可采用低矮的分隔手段代替到顶的分隔设计，从而既能保证各空间区域的功能实用性，又可以避免空间的一览无余，增强空间的私密性。

39. 大户型客厅应怎样进行分隔设计？

答：由于大户型的客厅面积较大，往往被赋予多重功能。这时就需要对空间进行分隔设计，在设计时需要根据主人的需求，在适宜的空间进行分隔，不同的分隔形式具有不同的功效。分隔设计时应做到既能将不同的功能空间区分开来，又能使空间之间相互交流，保持着整体空间的一致性。

40. 独立式玄关应怎样设计？

答：首先应具备充足的空间才可进行独立玄关的设计。这种类型的玄关装饰手法多样，一般宜独立拓展一面墙体设置鞋柜和装饰柜，且柜体要功能多样，能满足储藏、倚坐等起居要求。因独立式玄关是入户的第一视觉点，因此在设计上应更加用心，达到窥一角而知全貌的效果。

41. 相邻式玄关应怎样设计？

答：玄关与客厅或餐厅相连，没有明显的独立空间称相邻式玄关。在装修过程中，要考虑到格调形式的统一，装饰柜及鞋柜不宜完全阻隔，应使用通透的玻璃或金属格栅，紧密联系相邻空间，在视觉上可融为一体。

42. 融合式玄关怎样设计？

答：融合式玄关即玄关被包容在客厅中，功能区域划分不明确，为突出玄关的功能，一般选用装饰玻璃作为造型隔断，通透明亮，而鞋柜、储藏柜则贴墙放置，装饰造型与实用功能分开，秩序感较强。

43. 玄关处灯光怎样设计？

答：一般玄关处自然光照射较少，因此对于灯光的设计格外重要。明亮的主光源是处于暗处的玄关所必需的，其次是射灯的点缀，射灯灯光应照射在装饰品上或者墙面的装饰画上。切记，射灯不可直对门口，强烈的光线会刺激人的眼睛。

44. 玄关处穿衣镜怎样设计？

答：穿衣镜是每一所家居必备的，一般设计在玄关处最为合适，方便人们出入门时整理仪表。穿衣镜的摆放切记不可正对门口，不熟悉的人会受到惊吓；一般固定在侧面墙上是比较合理的，既节省玄关面积，使用起来也方便。

45. 玄关处地面怎样设计？

答：依不同风格与空间大小而细化不同的设计。一般欧式风格多采用地面的拼花造型，而现代风格更强调地面设计的简化；但小空间的玄关处不建议做拼花设计，在浪费材料的同时，并不会产生良好的效果。大空间的玄关处却不同，拼花设计可丰富人们的视觉。

46. 低柜式玄关隔断该如何设计？

答：低柜式玄关隔断就是以低柜来限定空间，最常用的方式就是选择一个鞋柜搁置于玄关处，既可以储放物品、摆放工艺品，还能起到划分空间的作用，同时造价不高，是经济型家居常用的玄关隔断设计。

47. 格栅式玄关隔断该如何设计？

答：格栅式玄关隔断主要是以带有不同花格图案的镂空木格栅屏作隔断，由于格栅式玄关隔断的造型丰富，其木质材质还能给家居带来温润的质感，此外格栅式造型还不会阻隔居室中的光线，可谓是一举多得的设计手法。

48. 半敞半隐式玄关隔断该如何设计？

答：半敞半隐式玄关隔断下部为完全遮蔽式设计，上端敞开，贯通彼此相连的顶棚。半敞半隐式的隔断墙高度大多为 1.5 ~ 2m，通过线条的凹凸变化、墙面挂置壁饰或浮雕等装饰物的方法，营造浓厚的艺术效果。

49. 空间有限，没法设玄关，但又不想放弃遮挡，怎么办？

答：现代都市的住宅普遍面积较小，若再设置传统的大型玄关，则明显会感觉空间局促，难以腾挪，所以折中的办法是用玻璃屏风来做间隔，这样既可以起到增强私密性的作用，同时也不会使空间显得太逼仄。

50. 怎样扩大玄关的视觉空间？

答：可以采用色块对比、光源的造型设计布局来弥补玄关空间不足的问题。整体的光源设计可采用在墙体内设置平行的透光板，这样更能体现光的视觉空间感；色彩上可沿用居室的主色调，从视觉上让整体环境更协调。这样一来，空间就在心理上被扩大，整体的效果更有回旋的空间感。